Juli 1954

Nachtrag

zur

Amtlichen Liste der Seeschiffe der Bundesrepublik Deutschland

mit

Unterscheidungssignalen

vom Jahre 1954,

herausgegeben vom

Bundesminister für Verkehr.

VERLAG WALTER DE GRUYTER & CO., BERLIN W 35, GENTHINER STR. 13

A. Nachtrag zur Liste der Kauffahrteischiffe (Abschnitt a)

1. Neueintragungen

a) Nach Rufzeichen geordnet

DCAJ—DEEG

Seite	Unterscheidungssignale	Namen der Schiffe	Heimathafen der Schiffe	Nettoraumgehalt Kubikmeter	Nettoraumgehalt Registertons	PS
17/130	*DCAJ*	Wilhelm Numssen	Köln	846,0	298,64	500
17/95	DCWU	Angela Schepers	Haren/Ems	332,3	117,31	135
17/129	DCWV	Vieneta II	Norderney	14,8	5,24	90
17/127	DCWW	Steinbock	Rhaudermoor	443,0	156,39	150
17/129	DCWX	Vertrauen	Haren/Ems	330,4	116,62	150
17/111	DCWY	Hinricus	Norddeich	27,5	9,70	
17/105	DCWZ	Frauke Hermanna	Greetsiel	63,7	22,50	120
18/124	*DDDF*	Rüstringen	Wilhelmshaven	1026,9	362,49	2×250
18/115	DDDJ	Kehrwieder	Wilhelmshaven	60,9	21,51	120
21/130	*DDKX*	Walter	Brake	6924,3	2444,26	3000
27/115	*DEDV*	Kurt Arlt	Bremen	3147,2	1110,95	1650
27/111	*DEDW*	Hohenfels	Bremen	10986,6	3878,27	7200
27/94	*DEDX*	Algol	Bremen	3605,8	1272,84	2940
27/114	*DEDY*	Karin Cords	Bremen	1711,4	604,14	1000
27/96	*DEDZ*	Audentia	Bremen	1336,8	471,88	980
27/108	*DEEA*	Hans Honold	Bremen	9581,8	3382,36	3600
27/108	*DEEB*	Habicht	Bremen	1968,3	694,81	1330
27/127	DEEC	Stier	Bremen	65,5	23,13	700
27/129	*DEED*	Travestein	Bremen	11260,7	3975,01	9000
27/104	DEEE	Farge	Bremen	84,8	29,94	1000
27/109	*DEEF*	Heinrich Honold	Bremen	9885,5	3489,57	3600
27/111	*DEEG*	Hessenstein	Bremen	14794,3	5222,33	10560

DEEH—DHKM

Seite	Unterscheidungssignale	Namen der Schiffe	Heimathafen der Schiffe	Kubikmeter Nettoraumgehalt	Registertons Nettoraumgehalt	PS
27/130	*DEEH*	Wesertal	Bremen	105,8	37,33	172
27/113	*DEEI*	Jason	Bremen	1550,9	547,47	1600
27/98	DEEJ	Brake	Bremen	84,8	29,94	1000
27/96	*DEEK*	Aries	Bremen	3597,6	1269,94	2940
27/118	*DENT*	Maria von Jever	Bremerhaven	548,3	193,54	850
30/124	DFAS	Rogge 9	Bremerhaven	164,7	58,13	—
34/94	DFTF	Alma	Dornbusch	98,3	34,71	25
34/110	*DFTG*	Heinz Bernhard	Stade	381,6	134,71	300
34/123	DFTH	Pohlmann II	Assel	88,2	31,13	75
34/106	DFTI	Germane	Stade	383,1	135,23	250
39/97	*DGEW*	Balkan	Hamburg	6703,1	2366,18	4000
41/125	DGHC	Victor	Hamburg	2407,9	850,0	600
41/100	*DGHO*	Darmstadt	Hamburg	11523,5	4067,79	9000
41/97	DGIK	Blitz	Hamburg	496,9	175,39	360
42/93	*DGJB*	Adler	Hamburg	77,9	27,50	75
42/99	*DGJD*	Christianna Pikuritz	Hamburg	3919,9	1383,71	3600
43/108	*DGMI*	Gundula	Hamburg	1878,1	662,97	750
44/115	*DGNR*	Kettwig	Hamburg	4846,	1712	1096
45/100	*DGQF*	Deneb	Hamburg	1067,0	376,65	475
46/112	DGRA	Ingrid Metzendorff	Hamburg	200,9	70,92	150
46/93	DGRL	Adele	Hamburg	369,0	130,26	300
46/130	DGSI	Vriendscháp	Hamburg	48	17	120
47/114	DGTW	Juist	Hamburg	469,0	165,54	200
47/108	DGUL	Hadersleben	Hamburg	462,3	163,18	225
50/116	*DGYU*	Leipzig	Hamburg	11257,2	3973,79	9000
51/108	*DHAI*	Hanseat	Hamburg	18297,2	6458,91	4500
51/112	*DHBZ*	Ingeborg	Hamburg	1870,8	660,39	750
52/103	DHCM	Erna R.	Hamburg	311,3	109,90	240
52/102	DHDA	Elke Freese	Hamburg	465,5	164,32	250
52/122	*DHEE*	Paula Vogelsang	Hamburg	2765,7	976,31	745
52/94	*DHEI*	Amalie C. Ertel	Hamburg	2651,2	935,87	750
53/112	*DHEN*	Ilse E. Gleue	Hamburg	1715,7	605,63	1470
53/124	DHFJ	Rothebude	Hamburg	185,0	65,30	250
53/98	DHFM	Bugsier 9	Hamburg	44,9	15,86	470
53/128	*DHFP*	Tanganjika	Hamburg	7610,6	2686,55	4600
53/124	*DHFQ*	Rudolf Oetker	Hamburg	20678,3	7299,45	7200
53/130	*DHFW*	Wilhelmine Essberger	Hamburg	20579,2	7264,54	7200
53/117	*DHFX*	Ludwigshafen	Hamburg	11279,4	3981,61	9000
53/98	*DHGO*	Carl Eugen	Hamburg	1846,8	651,94	1000
54/94	*DHHQ*	Alexander	Hamburg	1958,9	691,48	1050
54/108	*DHHT*	Hamburg	Hamburg	14951,6	5277,93	10560
54/130	*DHIL*	Wiking	Hamburg	576,7	203,57	520
54/113	*DHIM*	Jan Peter	Hamburg	415,5	146,66	300
54/123	DHIQ	Peter	Hamburg	435,8	160,19	175
54/118	*DHIR*	Maria Numssen	Hamburg	460,0	143,32	250
55/120	*DHKM*	Najade	Hamburg	2274,9	803,02	925

DHKN—DKLC

Seite	Unterscheidungssignale	Namen der Schiffe	Heimathafen der Schiffe	Kubikmeter (Nettoraumgehalt)	Registertons (Nettoraumgehalt)	PS
55/98	DHKN	Bugsier 8	Hamburg	68,1	24,05	850
56/121	*DHKW*	Nobistor	Hamburg	7030,5	2841,75	3000
56/111	*DHME*	Hoechst	Hamburg	11321,3	3996,43	9000
56/98	DHMN	Bugsier 10	Hamburg	44,9	15,86	470
56/120	*DHMQ*	Niedersachsen	Hamburg	6888,2	2431,54	4540
57/124	*DHNH*	Ruhrland	Hamburg	1277,4	450,94	760
57/125	*DHOL*	Scharhörn	Hamburg	1460,7	515,64	1250
58/126	*DHPD*	Seefalke	Hamburg	60,5	21,36	125
58/111	*DHQF*	Hildegard Peters	Hamburg	2727,7	962,87	950
58/128	*DHQG*	Tarpenbek	Hamburg	3678,4	1298,47	1875
59/113	*DHRG*	Johann Haltermann	Hamburg	3203,2	1130,73	1680
60/109	*DIBS*	Heinrich Lorenz	Hamburg	2702,1	953,83	2500
60/109	*DICR*	Frankfurt	Hamburg	14857,9	5444,84	10560
61/100	*DIDY*	Cressida	Hamburg	953,5	336,59	1000
61/108	*DIDZ*	Halleberg	Hamburg	2279,1	804,51	1095
62/128	*DIEY*	Transatlantic	Hamburg	9110,4	3215,96	3000
66/113	DIYJ	Jann Mees	Schulau	58,1	20,52	150
70/105	DJIW	Frieda	Pellworm	30,9	10,93	45
71/109	DJJR	Heimat	Kappeln	22,9	8,09	150
71/122	DJKG	Paulina	Büsum	469,9	175,41	245
71/120	DJKI	Möwe	Büsum	9,4	3,33	40/50
71/118	*DJLO*	Mariana	Büsum	495,4	174,89	300
81/98	*DKHT*	Capella	Heikendorf	59,8	21,12	150
81/112	*DKHU*	Ingrid	Laboe	59,1	20,86	150
81/108	DKHV	Hans	Kiel	55,4*	19,57*	130/150
81/111	*DKHW*	Hoffnung	Heikendorf	60,5	21,36	150
81/131	*DKHX*	Wulfsbrook	Kiel	4323,7	1526,27	3000
81/124	DKHY	Reiher	Kiel	30,8	10,86	—
81/122	DKHZ	Pelikan	Kiel	30,2	10,67	—
81/99	*DKIA*	Catharine Sartori	Kiel	3446,8	1216,73	2400
81/126	DKIB	Sigrid	Kiel	60,9	21,51	120
81/114	DKIC	Jupiter	Kiel	25,1	8,86	120
81/110	DKID	Helga	Kiel	57,3	20,21	120
81/101	DKIE	Einigkeit	Kiel	59,6	21,04	120
81/94	*DKIF*	Alexandra Sartori	Kiel	3408,9	1203,34	2400
81/110	DKIG	Helmut	Möltenort	35,4	12,50	130
81/126	DKIH	Sigrid	Kiel	60,6	21,38	120
81/127	DKII	St. S. 48	Kiel	656,6	231,80	—
81/127	*DKIJ*	Störtebecker	Laboe	59,5	20,99	180
81/114	DKIK	Kahlberg-Liep	Kiel	59,5	21,02	150
81/113	DKIL	Johanna	Kiel	58,2	20,53	135
82/129	DKKX	Ursula	Lübeck-Travemünde	34,7	12,24	120
82/100	*DKKY*	Dora Oldendorff	Lübeck	7189,7	2537,96	2700
82/94	*DKKZ*	Alfred	Burgstaaken	30,8	10,71	150
82/131	DKLB	Zukunft	Neustadt/Holst.	16,7	5,91	120
82/128	DKLC	Thedje	Lübeck-Travemünde	23,2	8,19	150

* Bruttoraumgehalt

DKLD—DKMB

Seite	Unter-scheidungs-signale	Namen der Schiffe	Heimathafen der Schiffe	Kubikmeter (Nettoraumgehalt)	Registertons (Nettoraumgehalt)	PS
82/123	*DKLD*	Regina	Lübeck	3195,4	1127,96	1250
82/126	DKLE	Seeadler	Lübeck-Travemünde	58,1	20,51	150
82/112	DKLF	Irene	Lübeck-Travemünde	54,9	19,37	120
82/115	DKLG	Kehrwieder	Lübeck-Travemünde	60,9	21,51	150
82/116	DKLH	Loreley	Heiligenhafen	59,7	21,09	150
82/119	*DKMA*	Mercator	Walsum	3543,0	1250,68	1260
82/112	DKMB	Imperial	Uerdingen	286,3	94,72	300

b) Nach Namen geordnet

Unter-scheidungs-signale	Namen der Schiffe	Heimathafen der Schiffe
DGRL	Adele	Hamburg
DGJB	Adler	Hamburg
DHHQ	Alexander	Hamburg
DKIF	Alexandra Sartori	Kiel
DKKZ	Alfred	Burgstaaken
DEDX	Algol	Bremen
DFTF	Alma	Dornbusch
DHEI	Amalie C. Ertel	Hamburg
DCWU	Angela Schepers	Haren/Ems
DEEK	Aries	Bremen
DEDZ	Audentia	Bremen
DGEW	Balkan	Hamburg
DGIK	Blitz	Hamburg
DEEJ	Brake	Bremen
DHKN	Bugsier 8	Hamburg
DHFM	Bugsier 9	Hamburg
DHMN	Bugsier 10	Hamburg
DKHT	Capella	Heikendorf
DHGO	Carl Eugen	Hamburg
DKIA	Catharine Sartori	Kiel
DGJD	Christianna Pikuritz	Hamburg
DIDY	Cressida	Hamburg
DGHO	Darmstadt	Hamburg
DGQF	Deneb	Hamburg
DKKY	Dora Oldendorff	Lübeck
DKIE	Einigkeit	Kiel
DHDA	Elke Freese	Hamburg
DHCM	Erna R.	Hamburg
DEEE	Farge	Bremen
DICR	Frankfurt	Hamburg
DCWZ	Frauke Hermanna	Greetsiel
DJIW	Frieda	Pellworm

Unterscheidungssignale	Namen der Schiffe	Heimathafen
DFTI	Germane	Stade
DGMI	Gundula	Hamburg
DEEB	Habicht	Bremen
DHHT	Hamburg	Hamburg
DKHV	Hans	Kiel
DHAI	Hanseat	Hamburg
DGUL	Hadersleben	Hamburg
DIDZ	Halleberg	Hamburg
DEEA	Hans Honold	Bremen
DJJR	Heimat	Kappeln
DEEF	Heinrich Honold	Bremen
DIBS	Heinrich Lorenz	Hamburg
DFTG	Heinz Bernhard	Stade
DKID	Helga	Kiel
DKIG	Helmut	Möltenort
DEEG	Hessenstein	Bremen
DHQF	Hildegard Peters	Hamburg
DCWY	Hinricus	Norddeich
DHME	Hoechst	Hamburg
DKHW	Hoffnung	Heikendorf
DEDW	Hohenfels	Bremen
DKMB	Imperial	Uerdingen
DHBZ	Ingeborg	Hamburg
DHEN	Ilse E. Gleue	Hamburg
DKHU	Ingrid	Laboe
DGRA	Ingrid Metzendorff	Hamburg
DKLF	Irene	Lübeck-Travemünde
DIYJ	Jann Mees	Schulau
DHIM	Jan Peter	Hamburg
DEEI	Jason	Bremen
DHRG	Johann Haltermann	Hamburg
DKIL	Johanna	Kiel
DGTW	Juist	Hamburg
DKIC	Jupiter	Kiel
DKIK	Kahlberg-Liep	Kiel
DEDY	Karin Cords	Bremen
DDDJ	Kehrwieder	Wilhelmshaven
DKLG	Kehrwieder	Lübeck-Travemünde
DGNR	Kettwig	Hamburg
DEDV	Kurt Arlt	Bremen
DGYU	Leipzig	Hamburg
DKLH	Loreley	Heiligenhafen
DHFX	Ludwigshafen	Hamburg
DHIR	Maria Numssen	Hamburg
DENT	Maria von Jever	Bremerhaven
DJLO	Mariana	Büsum
DKMA	Mercator	Walsum
DJKI	Möwe	Büsum
DHKM	Najade	Hamburg
DHMQ	Niedersachsen	Hamburg
DHKW	Nobistor	Hamburg

Unterscheidungssignale	Namen der Schiffe	Heimathafen der Schiffe
DHEE	Paula Vogelsang	Hamburg
DJKG	Paulina	Büsum
DKHZ	Pelikan	Kiel
DHIQ	Peter	Hamburg
DFTH	Pohlmann II	Assel
DKLD	Regina	Lübeck
DKHY	Reiher	Kiel
DFAS	Rogge 9	Bremerhaven
DHFJ	Rothebude	Hamburg
DHFQ	Rudolf Oetker	Hamburg
DDDF	Rüstringen	Wilhelmshaven
DHNH	Ruhrland	Hamburg
DHOL	Scharhörn	Hamburg
DKLE	Seeadler	Lübeck-Travemünde
DHPD	Seefalke	Hamburg
DKIB	Sigrid	Kiel
DKIH	Sigrid	Kiel
DCWW	Steinbock	Rhaudermoor
DEEC	Stier	Bremen
DKII	St. S. 48	Kiel
DKIJ	Störtebecker	Laboe
DHFP	Tanganjika	Hamburg
DHQG	Tarpenbek	Hamburg
DKLC	Thedje	Lübeck-Travemünde
DIEY	Transatlantic	Hamburg
DEED	Travestein	Bremen
DKKX	Ursula	Lübeck-Travemünde
DCWX	Vertrauen	Haren/Ems
DGHC	Victor	Hamburg
DCWV	Vieneta II	Norderney
DGSI	Vriendschap	Hamburg
DDKX	Walter	Brake
DEEH	Wesertal	Bremen
DHIL	Wiking	Hamburg
DCAJ	Wilhelm Numssen	Köln
DHFW	Wilhelmine Essberger	Hamburg
DKHX	Wulfsbrook	Kiel
DKLB	Zukunft	Neustadt/Holstein

2. Streichungen

DADL—DAJZ

Seite	Unterscheidungssignale	Namen der Schiffe	Heimathafen der Schiffe
2/103	DADL	Eschenburg	Lübeck
3/112	DAFV	Ibis	Bremen
4/121	DAIB	Norderney	Hamburg
4/121	DAII	Nürnberg	Lübeck
4/126	DAJZ	Siegfried	Bremerhaven

DAKT—DHKB

Seite	Unter-scheidungs-signale	Namen der Schiffe	Heimathafen der Schiffe
4/128	DAKT	Theseus	Bremen
5/129	DALB	Venus	Bremen
5/100	DAMO	Diana	Bremen
5/104	DAMV	Fairplay XIV	Hamburg
6/115	DANJ	King Bosco	Langeoog
8/97	DCDB	Berlin	Emden
12/119	DCMM	Memel	Emden
14/129	DCQZ	Vesta	Emden
15/111	DCUQ	Hermann Schulte	Hamburg
17/107	DDAW	Gnom	Bremen
17/114	DDBK	Juist	Bremerhaven
19/106	DDGH	Gerda	Brake
20/119	DDID	Midgard I	Nordenham
20/119	DDIE	Midgard II	Nordenham
20/119	DDIF	Midgard V	Nordenham
20/119	DDIG	Midgard VI	Nordenham
20/119	DDJO	Midgard III	Nordenham
20/111	DDJW	Hoffnung	Brake
21/104	DDNR	Fido	Bremen
22/114	DDOJ	Juno	Bremen
22/114	DDOK	Jupiter	Bremen
22/115	DDON	Kranich	Bremen-Vegesack
22/119	DDOU	Mercur	Bremen
22/120	DDOW	Nereus	Bremen
22/122	DDPZ	Pelikan	Bremen-Vegesack
22/123	DDQA	Phoebus	Bremen
23/97	DDRF	Bachus	Bremen
23/112	DDSG	India	Bremen
28/114	DEQF	Katharina	Hamburg
28/98	DESH	Bremerhaven	Bremerhaven
30/124	DFAD	Rogge 26	Bremerhaven
32/128	DFKB	Sybille	Cuxhaven
33/128	DFKW	Taucher Otto Wulf IV	Cuxhaven
37/123	DFZG	Pohlmann I	Assel
37/93	DGAD	Activ	Hamburg
37/117	DGAG	Magdalene	Rendsburg
39/98	DGEE	Brake	Hamburg
39/118	DGEI	Maria Elisabeth	Hamburg
40/101	DGGN	Düsseldorf	Hamburg-Finkenwerder
41/103	DGIK	Erna	Hamburg
44/107	DGMS	Gretl	Hamburg
47/114	DGTB	Karl	Hamburg
50/123	DGZL	Pionier	Hamburg
50/99	DHAE	Commerz	Hamburg
51/126	DHBE	Seute Deern	Hamburg
53/110	DHEU	Henry Böge	Hamburg
54/115	DHIT	Katja	Hamburg
55/129	DHJT	Vano S	Hamburg
55/120	DHKB	Montan	Hamburg

DHLG—DMEM

Seite	Unterscheidungssignale	Namen der Schiffe	Heimathafen der Schiffe
56/123	DHLG	Ravensberg	Hamburg
57/95	DHOH	Anke Harmstorf	Hamburg
62/94	DIFA	Albert Luft	Hamburg
62/113	DIFQ	Isabella	Hamburg
66/101	DJAL	Duburg	Flensburg
77/101	DJWZ	Elbing VII	Lübeck
77/103	DJXH	Erna	Hamburg
78/122	DJZM	Oldenburg	Niendorf
78/130	DKBA	Weichsel IV	Hamburg
82/129	DMBC	Twist	Bremen
83/108	DMBX	Hadersleben	Kiel
83/94	DMCI	Alice	Bremen
83/118	DMCK	Maria Magdalena	Bremen
123	DMCQ	Pommern	Kiel
83/114	DMCT	Kahlberg-Liep	Kiel
83/112	DMCW	Irene	Lübeck-Travemünde
83/106	DMDM	Gebrüder	Heiligenhafen
83/113	DMDO	Johanna	Laboe
83/127	DMEM	Störtebecker	Laboe

3. Sonstige Veränderungen*)

DADX—DEBG

Seite	Unterscheidungssignale	Namen der Schiffe		Heimathafen der Schiffe
2/104	*DADX*	Franz Westermann	**Pommern**	Bremerhaven
3/115	*DAGO*	Kriemhild	**Elisabeth**	Lübeck
5/104	*DAMW*	Franz Jürgen J. Nimtz	**Hans Bernstein**	**Hamburg**
9/101	DCER	Einigkeit		**Hamburg**
12/119	DCMO	Meta		**Borkum**
15/94	DCSU	Almina		**Großefehn**
15/102	DCSV	Elise Schulte		**Hamburg**
16/118	DCUC	Martha		**Emden**
16/111	*DCVO*	Henriette Schulte		**Hamburg**
16/97	DCVV	Auguste Schulte		**Hamburg**
16/112	DCWA	Maria Schulte		**Hamburg**
17/109	DDAX	Hebelina		**Leer**
17/110	DDBB	Helene Margarethe		**Neuharlingersiel**
20/120	DDII	Möwe		**Duisburg**
23/106	DDSO	Geier	**Warfleth**	Bremen
23/127	DDSP	Sperling	**Rekum**	Bremen
23/127	DDSQ	Strande I	**Aumund**	Bremen
25/119	*DEBG*	Medea	**Flora**	Bremen

*) Die eingetretenen Änderungen sind durch fetten Druck gekennzeichnet.

DEPN—DKKW

Seite	Unterscheidungssignale	Namen		Heimathafen
		der Schiffe		
27/112	DEPN	Ingrid	**Reinhard**	Laboe
28/121	DEQM	Nordstern	**Meteor**	Bremerhaven
28/122	*DESA*	Oliva Karen	**Jörg-Peter**	**Hamburg**
28/125	DESB	St. Monika		**Emden**
28/98	*DESC*	Buxta	**Perseus**	Bremerhaven
29/111	DETI	Holger	**Dietlinde**	**Lübeck-Travemünde**
30/125	DEUP	Saarland	**Preußen**	Bremerhaven
30/101	DFFI	Edelweiß		**Friedrichskoog**
34/95	DFUY	Anne		**Bützfleth**
37/93	DGAF	Adele	**Ulla**	Hamburg
37/93	DGAO	Adolf		**Leer**
38/95	DGBW	Anna	**Seefalke III**	Hamburg
40/99	DGFG	Christine		**Büsum**
42/105	DGKH	Freia		**Burgstaaken**
43/106	DGLW	Gisela	**Hannchen**	Glückstadt
54/94	DHHF	Alfred		**Hamburg**
54/129	DHHG	Tross		**Orth/Fehmarn**
54/107	DHHL	Günter Hartmann	**Dörte II**	Hamburg
54/96	*DHGV*	Annie Hugo Stinnes	**Ilmenau**	Lübeck
57/108	DHNU	Hammonia	**Petra**	Hamburg
57/121	DHOQ	Nita	**Salty**	Hamburg
58/127	DHPW	Süd Amerika VII	**Flensburg**	**Flensburg**
60/124	DIAW	Rheinland	**Robert Weitert**	Hamburg
61/109	*DICU*	Harriet E	**Pamela**	Hamburg
67/127	DJBV	Stern vom Osten		**Neustadt/Holst.**
69/111	DJHC	Hilda		**Friedrichskoog**
70/117	DJIE	Mareile		**Büsum**
71/110	DJKR	Herma Ohle		**Hamburg**
72/121	DJNB	Nordmeer		**Burgstaaken**
73/114	DJPK	Katharina	**Mönkeberg**	Kiel
74/94	DJRW	Amrum		**Hamburg**
75/99	DJSC	Christian Ivers	**Hanne Scarlett**	Kiel
75/108	DJSD	Harald Ivers	**Lilli Scarlett**	Kiel
76/128	*DJUR*	Rolf Hagemann	**Trave**	Kiel
76/127	DJVB	Stettin		**Hamburg**
76/104	*DJVE*	Franz Holm	**Husum**	Kiel
76/114	*DJVF*	Karl Schaller	**Eider**	Kiel
76/130	*DJVN*	Walter Siemers	**Schwentine**	Kiel
76/130	DJVW	Walther Meißner	**Büsum**	Kiel
78/124	DKAA	Roswitha		**Neustadt/Holst.**
79/98	DKCW	Bürgermeister Kuphal		**Kiel**
80/126	DKDP	Signal		**Kiel**
80/124	DKEB	Rüm Hart		**Seester**
81/130	DKGZ	Vossbrook	**Blumenau**	Kiel
82/131	DKKW	Winsum	**Dietrich Oldendorff**	Lübeck

Seite	Unter-scheidungs-signale	Namen der Schiffe		Heimathafen der Schiffe
93	DIZ**X**	Adler		Wyk/Föhr
100	DCS**Q**	Consul Lindemann		Emden
102	DD**UH**	Emmy Friederich		Bremen
106	D**C**GY	Geen Tied		Greetsiel
109	D**J**AA	Harnis		Flensburg
109	DMCO	Hedi		**Neustadt/Holst.**
122	D**F**XL	Paul Gährs		Estebrügge
123	DJZ**Q**	Perseus		Burgstaaken
126	DJY**V**	Sirius II		Neustadt/Holst.
127	D**K**KL	Störtebecker		Niendorf
133	D**H**DQ	Beate Schulte	Beate **Bolten**	Hamburg

B. Nachtrag zur Liste der Bundes- und Länderfahrzeuge (Abschnitte c und e)

Seite	Unter-scheidungs-signale	Namen der Schiffe	Art der Schiffe	Heimathafen der Schiffe	PS
		1. Neueintragungen			
86	DLVK	Jade		Wilhelmshaven	2×825
90	DBGN	Wasserschutzpolizei 14 *T*	Streifenboot	Norderney	68
90	DBHP	Friedrich Voß *T*	Bereisungsfahrzeug	Kiel	500
91	DBQD	Wasserschutz-polizei 12 *T*	Streifenboot	Norderney	80
91	DBQE	Wasserschutzpolizei 1 Oldenburg *T*	Streifenboot	Wilhelmshaven	220
		2. Streichungen			
88	DBCE	Mellum	Tonnenleger	Brunsbüttel	
86	DLVK	Hildegard		Wilhelmshaven	

3. Sonstige Veränderungen

Seite	Unter-scheidungs-signale	Namen der Schiffe		Heimathafen der Schiffe
90	DBGK	Wasserschutzpolizei 16	Wasserschutzpolizei **1**	Wilhelmshaven
90	DBGM	Wasserschutzpolizei 13	Wasserschutzpolizei **3**	Norderney
90	DBGO	Wasserschutzpolizei 15	Wasserschutzpolizei **5**	Emden

Kolibri 360 GmbH
Ferdinand-Jühlke-Straße 7
99095 Erfurt, Deutschland
produktsicherheit@kolibri360.de